YIDONG

YINGYONG

YONGHU

TIYAN

JIEMIAN

SHEJI

移动应用用户体验

界面设计

▲ 袁懿磊　周璇　编

化学工业出版社

·北京·

本书采用项目引导和实施的方式编写，以企业案例为主体，对移动用户体验界面设计概述，界面图标设计，网站类界面设计，儿童类产品界面设计，彩漫、彩信设计，手机壁纸设计，手机微动画产品制作等内容进行了图文并茂、深入浅出地解析。书中将操作技能、专业知识的训练融入具体的企业案例中，使学习者在使用的过程中快速熟悉移动应用用户体验界面设计的工作流程，更好地掌握相关知识及实用技能。编写中，针对每一个案例设计步骤，都配有详细的说明图例。

本书适用于高职高专院校交互设计、数字媒体、动漫设计与制作、计算机多媒体技术、产品设计等专业，同时也可以作为中等职业学校、计算机培训机构等相关专业的专用教材。此外，也可以作为数字媒体、动漫设计以及相关行业等人员的技能培训参考用书。

图书在版编目（CIP）数据

移动应用用户体验界面设计 / 袁懿磊，周璇编 ． —北京：化学工业出版社，2014.5
ISBN 978-7-122-19982-9

Ⅰ．①移… Ⅱ．①袁… ②周… Ⅲ．①移动终端－应用程序－程序设计 Ⅳ．① TN929.53

中国版本图书馆 CIP 数据核字（2014）第 043854 号

责任编辑：李彦玲　　　　　　　　　　　　文字编辑：张　阳
责任校对：王　静　　　　　　　　　　　　装帧设计：韩　飞

出版发行：化学工业出版社（北京市东城区青年湖南街 13 号　邮政编码 100011）
印　　装：化学工业出版社印刷厂
787mm×1092mm　1/16　印张6　字数102千字　2014年8月北京第1版第1次印刷

购书咨询：010-64518888（传真：010-64519686）　　售后服务：010-64518899
网　　址：http://www.cip.com.cn
凡购买本书，如有缺损质量问题，本社销售中心负责调换。

定　　价：29.00元　　　　　　　　　　　　　　　　　　　　版权所有　违者必究

前言

当今社会，随着移动互联网的迅速发展以及智能手机、平板电脑的快速普及，信息传播得更加快捷。现在，即使用户不在电脑前，也可以全天候随时随地地接收信息。越来越多的企业意识到建立自己的APP应用和移动网站的重要性。在业界，越来越多的设计师开始转战移动产品应用平台。同时，高校的数字媒体设计与制作、计算机多媒体技术等专业也开展了相关课程的教学。在这一背景下，我们进行了本教材的编写。

为了能够让读者迅速掌握移动应用用户体验界面设计项目中的主要技能，我们采用了项目引导和实施的方式编写了本书，书中用了大量企业案例项目，将操作技能融合在主动的、有目的的训练过程中，使工作过程与学习过程融合为一体，体现学以致用、知行合一的原则和思想，以期通过项目与技能的结合训练，培养学习者对移动应用用户体验界面设计工作流程的理解，以及对相关理论知识和操作技能的灵活运用。

本书共包括七章内容，每章自成体系、逐渐深入。编写中，针对每一个项目案例的具体设计步骤都有详细的说明图例。

本书由袁懿磊、周璇编写。两位编者既为教学一线的老师，同时又受聘于北京君之路动漫科技有限公司、珠海顶峰互动科技有限公司，先后参与制作了大量的移动应用产品。本书中的不少案例即来源于此。感谢陈志峰、林漫娜、罗清桦、郑伟城、刘佳钦对本书编写的帮助，感谢广东科学技术职业学院艺术设计学院、北京君之路动漫科技有限公司和珠海顶峰互动科技有限公司的大力支持！

本书提供学时建议如下，仅供参考，具体学习进度由学习者自主安排。

Foreword

前言

　　本书提供课件、案例和素材供教学使用，可从出版社网站下载（www.cipedu.com.cn)或联系编者(邮箱：yuanyilei417@sohu.com)。

编者

2014年5月

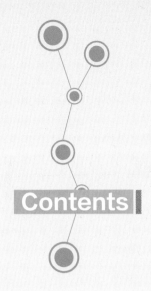

Contents

目 录

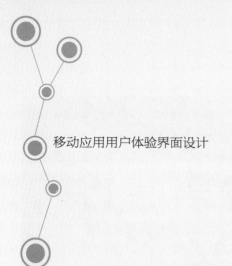

移动应用用户体验界面设计

第一章

移动用户体验界面设计概述

第一节　界面与界面设计

在人与机器的互动过程（Human Machine Interaction）中，有一个层面，即我们所说的界面（Interface）。界面，又称用户界面（User Interface，缩写为UI）是系统和用户之间进行交互和信息交换的一种媒介，用以实现信息的内部形式与人类可以接受的形式之间的转换。人们在日常工作和生活中，每天都要借助界面来获取以及传送信息。界面将不同的元素进行汇总编排，并使之成为一个连贯的整体，它反映的是所展示信息的总和，而不是这些信息内容本身。

界面可说是一切信息交流的重要媒介，而人是这一切信息交流活动的主体。比如，语音用户界面，是语音邮件以及其他自动电话系统通过语音方式传达信息的，用户又通过按键反馈信息；汽车用户界面，是汽车通过刻度表和度量器与用户交流，用户则通过方向盘、脚踏板及其他控制器来控制汽车。人在这个信息交流活动中主要是通过视觉、听觉、嗅觉等来获取信息的。由于这些信息传递给人的感觉不同，其相应的界面设计也是不同的。比如图1-1的腾讯QQ登录界面、图1-2的某游戏界面、图1-3手机界面图标的设计就各具特色。

近年来，随着信息技术与计算机技术的迅速发展，人机界面设计和开发已成为国际计算机界和设计界最为活跃的研究方向之一。

图1-1

图1-2

图1-3

第二节 用户界面设计的发展

一、用户界面的发展

最古老的界面大都采用各种物体制作成符号、图形，通过这些符号、图形传递给人不同的信息，使人类与对象之间产生互动。而发展到现代，用户界面则是通过画面上显示出的窗口、图标、按钮等图形来代表不同的目的和动作，用户通过鼠标或者其他指针设备指示进行选择性操作，最著名例子就是由苹果公司在麦金塔所创建的图形用户界面。如今，这种界面交互模式已经发展成现在众所周知的触屏模式，即脱离原本的按钮、纸本等传统模式，进化成直接用手指或者特殊的笔端触摸屏幕上显示的按钮、图标等进行各种操作，如自动取款机 (ATM)、汽车导航、媒体播放器、游戏机、手机等，这样的操作更为简捷、直观，更方便人们使用。

二、用户界面设计的发展

随着技术的发展，界面设计在人机交互上更加智能化、人性化、简便化，在视觉设计上，更加简洁直观、美观时尚，如苹果iOS系统的用户界面（图1-4苹果iOS6界面、图1-5苹果iOS7界面）。此界面的设计使用多点触控直接操作，脱离了按钮式的操作，这样的设计更便于iPhone用户的使用。同时，图标的设计，改变传统的直角设计，采用圆角的设计方式，让人在视觉上更舒服。此外，该界面图标的设计简洁明了，又不失时尚美观。

图1-4

图1-5

第三节 用户界面的设计原则

用户界面设计是对软件的人际交互、操作逻辑、界面美观的整体设计，一个好的设计不仅仅要使软件变得有个性、有品味，还要让其操作变得舒适、简单、自由，充分体现软件的定位和特点。

用户界面设计所遵循的三大基本原则是：置界面于用户的控制之下；减少用户的记忆负担；保持界面的一致性。从流程上看，用户界面设计分为结构设计、交互设计和视觉设计三部分。每一个流程都要遵循一定的原则。

一、基本价值原则

界面设计不是单纯的美术绘画，它需要定位使用者、使用环境、使用方式，并为最终用户而设计，是纯粹的科学性的艺术设计。检验一个界面好坏的价值标准既不是某个项目开发组领导的意见也不是项目成员投票的结果，而是目标用户的感受。所以界面设计要和用户研究紧密结合，它是一个不断为目标用户呈现令人满意的视觉效果的过程。

用户界面的设计，要明确的是该界面设计的最终应用者是客户本身，因而在设计上就要从用户的观点出发，站在用户的角度上思考，一切设计的目的只为用户能在视觉上、行为操作上感到更方便、舒适。坚持以用户体验为中心的设计，界面直观、简洁，操作方便、快捷，用户接触软件后对界面上对应的功能一目了然，不需要太多培训就可以方便使用该应用系统。

二、交互设计原则

① 遵循人性化、智能化的原则。高效率和用户满意度是人性化的体现。用户界面的设计要站在用户的角度考虑，能够使用户依据自己的习惯、喜好定制自己的界面。

② 遵循安全性的原则。用户能够自由的做出选择，且所有的选择是可逆的。在用户做出错误或者是危险的选择时，会有提示信息的介入。

③ 遵循灵活性的原则。在互动方式上具有多重性，并不局限于单一的操作方式，比如能够进行手控操作、键盘操作等。

④ 遵循一致性原则，即交互行为的一致性。在交互模型中，对于不同类型的元素，当用户触发其对应的行为事件后，其交互行为需要一致。例如：所有需要用户确认操作的对话框都至少包含确认和放弃两个按钮，这样的设计会更加简化用户的操作流程。

三、视觉设计原则

① 遵循清晰、简洁的原则。在视觉效果上要便于用户理解和使用，减少用户发生错误选择的可能性。

② 遵循一致性的原则。这是每一个优秀界面都必须具备的特点。首先，界面的结构必须清晰且一致；其次，界面风格必须与内容一致，这样才能给用户带来一种视觉享受。

③ 遵循排列原则。一个有序的界面才能让用户轻松的使用，界面布局混乱、缺乏逻辑，只会让用户不知如何下手。

第四节 **用户界面设计技能**

界面设计制作的软件有多种，最为人们常用的是Photoshop软件。下面，简单介绍该软件的基本知识。

打开Photoshop CS5,其完整的操作界面由快速切换栏、菜单栏、工具箱、图像窗口、状态栏、工具选项栏与面板组成，如图1-6所示。

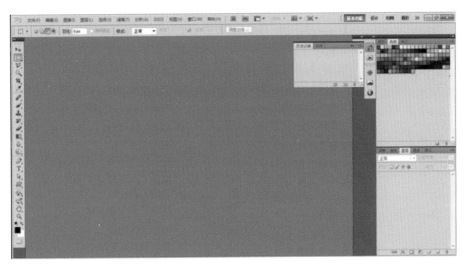

图1-6

一、Photoshop主要界面各组成部分的功能

（1）快速切换栏

单击其中的按钮后，可以快速切换视图显示。如全屏模式、显示比例、网格、标尺等。

（2）菜单栏

菜单栏由11类菜单组成，如果单击有符号的菜单，就会弹出下级菜单。

（3）工具箱

将常用的命令以图表形式汇集在工具箱中。用鼠标右键单击或按住工具图标右下角的符号，就会弹出功能相近的隐藏工具。

（4）图像窗口

这是显示Photoshop中导入图像的窗口。在标题栏中显示文件名称、文件格式、缩放比例以及颜色模式。

（5）状态栏

状态栏位于图像下端，显示当前编辑的图像文件大小以及图片的各种信息说明。

（6）工具选项栏

在选项栏中可设置在工具箱中选择的工具的选项。根据所选工具的不同，所提供的选项也有所区别。

（7）面板

为了更方便地使用Photoshop的各项功能，设计者将其以面板形式提供给用户。

二、Photoshop工具箱中各工具的快捷键

在实际工作中，工具箱是最常用的操作手段，图1-7为工具箱的各个工具名称及其快捷键。

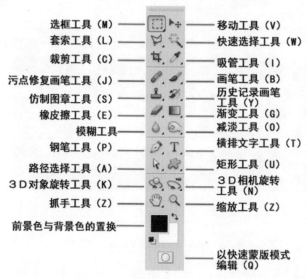

选框工具（M）——— 移动工具（V）
套索工具（L）——— 快速选择工具（W）
裁剪工具（C）——— 吸管工具（I）
污点修复画笔工具（J）——— 画笔工具（B）
仿制图章工具（S）——— 历史记录画笔工具（Y）
橡皮擦工具（E）——— 渐变工具（G）
模糊工具——— 减淡工具（O）
钢笔工具（P）——— 横排文字工具（T）
路径选择工具（A）——— 矩形工具（U）
3D对象旋转工具（K）——— 3D相机旋转工具（N）
抓手工具（Z）——— 缩放工具（Z）
前景色与背景色的置换———
———以快速蒙版模式编辑（Q）

图 1-7

三、图像的文件格式

Photoshop的源文件格式是*.Psd、*PDD。在Photoshop中保存文件时，有多种文件格式，这也是方便大家在其他程序或应用领域中也可以使用到。执行"文件＞保存"菜单命令，可以存储文件，同时还可在保存对话框中选择其需要的文件格式。

实训课堂：苹果手机界面设计与制作

现在我们已经掌握了一定的用户界面的理论知识及相关设计理念，接下来，将通过一

个简单的苹果手机界面设计，向大家阐述一个好的界面设计的过程。

① 创意准备阶段。此阶段首先要收集所要制作的主题类型的素材，比如这次所要制作的是一个手机界面主题，对此，整理相关的素材资料，并在这些素材中，寻找创意。

② 草图绘制阶段。在创意准备阶段的基础上，我们将通过绘制，把自己的创意表现出来。大家要记住，一个好的作品是经过多次的修改整理出来的，所以要多动手，多画几个草图再确定草图。图1-8是笔者自己绘制的一个界面草图。

图1-8

③草图渲染阶段。对于所确定的草图，我们将使用相关软件来绘制。图1-9 ～图1-11是通过使用Coreldraw、Photoshop软件绘制出来的草图及应用展示。

 【本章小结】

本章通过对移动用户体验界面、界面设计的概念及发展历程的简介，使学习者对移动用户体验界面有了一个初步的认识。在此基础上，重点讲解了不同流程界面设计，即结构设计、交互设计、视觉设计中所要遵循的基本价值原则、交互设计原则和视觉设计原则。此外，对界面设计常用软件Photoshop的基本使用功能及快捷键等进行了介绍。

 【复习思考题】

1.简述移动用户体验界面设计的发展历程。

2.用户界面设计的原则有哪些?

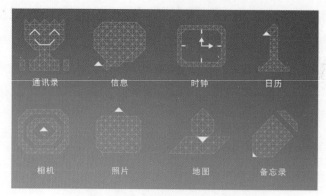

图1-9

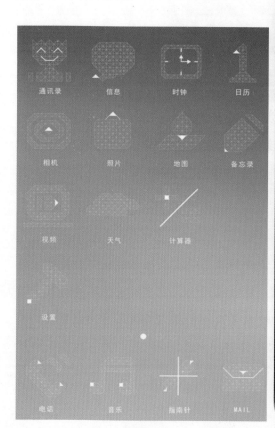

图1-10

图1-11

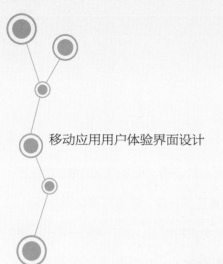

第二章

移动应用终端界面图标设计

【学习指导】

　　界面图标的设计更多地应用于手机用户，iPhone手机在界面图标这方面就做得很出色，iPhone的iOS系统中的界面图标（图2-1、图2-2）由立体化图标向扁平化的图标发展。在此，通过项目练习，让学生进一步熟悉界面图标设计的过程。

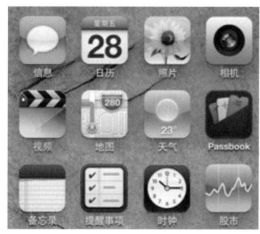

图 2-1

图 2-2

【技能要求】

　　1.了解iPhone各类界面图标的设计。

　　2.熟悉掌握Photoshop软件的渐变、图层样式等技巧。

第一节　界面图标设计的构图与配色

　　界面图标的设计已经走过了漫长的道路。无论是图形的运用、提示信息的措辞，还是颜色、窗口的布局风格，都要遵循统一的标准，做到真正的一致。这样不仅能简化设计、降低成本，而且能给用户以整齐、明了的视觉感受。最为关键的是，用户通过一段时间的使用能够建立起精确的心理模型，待切换到另外一个界面时，还能够很轻松地推测出各种功能，语句理解也不需要费神。

一、界面图标设计的布局

　　移动用户体验界面图标设计在布局方面应注意以下几点。

　　① 界面各图标之间不能太拥挤，并且要按一定的区域排列。

　　② 图标之间的排列需有效组合，即逻辑上相关联的控件应当加以组合以示意其关联性，反之，任何不相关的项目应当分隔开。

　　③ 窗口缩放时，要注意图标位置、布局的相对固定性，即固定窗口大小，不允许改动尺寸；在窗口尺寸发生改动时，图标的位置、大小需做出相应的改动；同时，在改动尺寸的窗口添加相应的纵向、横向滚动条，以方便用户运用窗体上的控件。

二、界面图标设计的配色

　　移动用户体验界面图标设计在配色方面应遵循以下原则。

　　① 遵循统一原则。运用恰当的颜色，并统一色调，注意颜色选择需和设计主题一致。针对不同的界面类型选择恰当色调。比如：一个安全软件界面，应采取绿色或黄色，绿色代表环保、清洁，而黄色是来自工业的色彩，代表警告、注意。

　　② 遵循比较原则。运用不同的颜色的对比，分出不同的区域内容，以易于用户的分辨。如在浅色背景上运用深色文字，深色背景上运用浅色文字。

　　③ 整个界面色彩尽量少运用类别不一样的颜色。

　　④ 针对色盲、色弱用户，能够运用特殊指示符。

　　⑤ 注意颜色方案也许会因为显示器、显卡、操作系统等原由而显示出不一样的色彩。

第二节 **界面扁平化图标设计与制作案例解析**

扁平化设计与人们最常见的拟物化设计形成鲜明对比，Android系统界面均采用拟物化设计，苹果iOS系统也采用拟物化设计，但作为手机领域风向标的苹果手机最新推出的IOS7使用了扁平化设计。二者都有可取之处，分别运用了不同的美学设计法则。

针对界面图标设计需求的日渐增多，设计者需要从用户的角度出发，设计让用户满意的界面图标。在这里，以iPhone的界面图标为例，指导大家如何更好地设计一个美观的图标。

我们将使用Photoshop软件来完成。在完成一个界面图标之前，需做好以下准备。

（1）创意准备，收集各类素材。

（2）草图绘制，即绘制创意，设计者要多在草图上推敲几种方案。

（3）草图渲染。对于确定好的草图，要使用相关软件进行绘制渲染。

以下是该图标的具体制作步骤。

（1）新建文件，新建图层1，建立一个1200mm×1200mm的圆角方形区域，填充颜色为白色，如图2-3所示。

（2）建立图层2，在方形区域的居中位置用"圆形工具"绘制圆形区域，填充颜色为＃ ffb26e，如图2-4所示。

（3）建立图层3，在居中位置绘制圆形选区，填充颜色为白色，如图2-5所示。

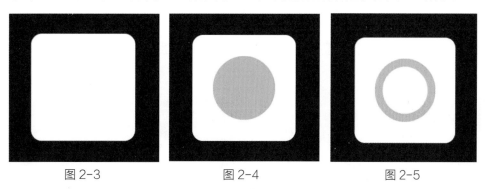

图2-3　　　　　　　　　图2-4　　　　　　　　　图2-5

（4）在图层3上面建立图层4，依次在居中位置绘制大小不一的圆形选区，第一个圆形选区的颜色为＃ fda85b，第二个圆形选区的颜色为＃ ff7800，如图2-6所示。

（5）建立图层5，绘制几个小圆形选区用于装饰，如图2-7所示。

（6）为了使图标更完善丰富，可在图层1下面建立新图层，并绘制长方形区域，填充颜色为＃ f89a14，最终的效果如图2-8所示。

图 2-6 图 2-7 图 2-8

实训课堂：界面立体化图标设计与制作

通过学习如何制作一个简单的扁平化图标，相信大家已经基本熟悉图标制作的基本流程，接下来，我们将指导大家如何制作一个立体化的图标（图2-9）。相对于扁平化的图标，立体化图标的制作对我们的技能有更高的要求。

图 2-9

（1）新建文件，新建图层1，建立一个1200mm×1200mm的圆角方形区域，填充颜色为白色，修改图层样式内阴影和斜面浮雕，参数设置如图2-10、图2-11所示，效果如图2-12。

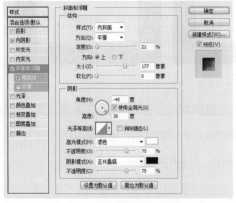 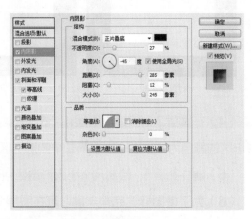

图 2-10 图 2-11

图 2-12

（2）新建图层2，在居中位置建立圆形选区，做一个线性渐变填充，颜色设置从左至右边依次为#e10019、#001133、#00601b，并修改其图层样式，具体参数设置如图2-13～图2-19所示。

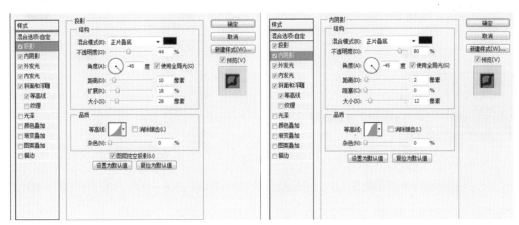

图 2-13   图 2-14

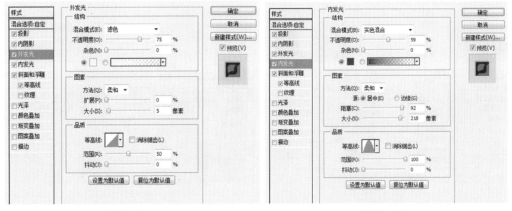

图 2-15   图 2-16

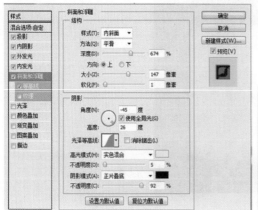

图 2-17　　　　　　　　　　　　　　　　图 2-18

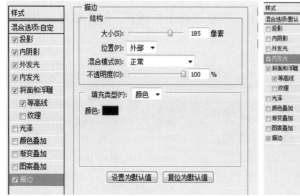

图 2-19　　　　　　　　　　　　　　　　图 2-20

（3）在图层2上新建图层3，建立圆环选区，径向渐变填充选区，颜色为#243750 ~ #ffffff 的渐变，并修改图层样式，如图2-20 ~ 图2-24所示。

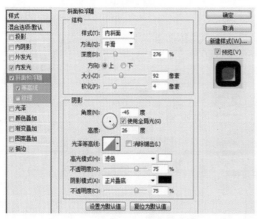

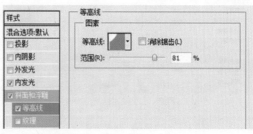

图 2-21　　　　　　　　　　　　　　　　图 2-22

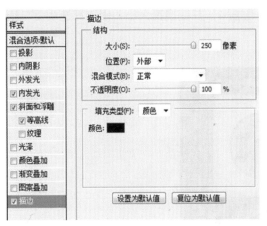

图 2-23   图 2-24

（4）在图层3上新建图层4，在居中位置建立圆形选区，其大小比图层2的圆形选区小，并对它进行图层样式的修改，其透明度修改为10%，图层样式的参数如图2-25～图2-27所示。

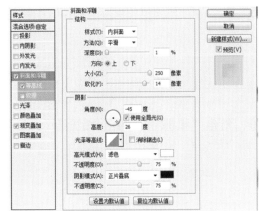
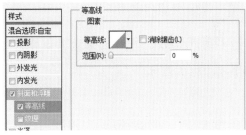

图 2-25   图 2-26

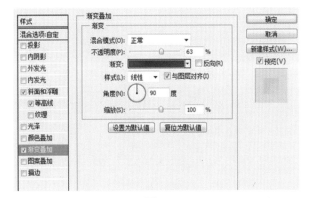

图 2-27

（5）为了使立体效果更加明显，多次复制图层4，并变换其大小，修改其透明度，最终的效果如图2-28所示。

图2-28

【本章小结】

1.在制作图标的过程中，要注意其色彩的搭配应用。

2.图标的内容要切合所要传达的主题。

【复习思考题】

利用Photoshop中的滤镜及其他特效技能，创作"相机""视频""音乐""图库"等具有个性的图标。

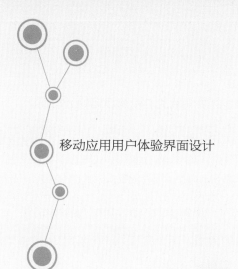

移动应用用户体验界面设计

第三章

移动应用终端网站类界面设计

【学习指导】

随着互联网和移动应用终端的普及，移动应用终端网站类界面设计也越来越受到人们的重视。移动应用终端的网站界面设计，要求设计师以其在所处时代所能获取的技术和艺术经验为基础，依照设计目的和要求自觉地对界面的构成元素进行艺术规划的创造性思维活动，并随着通讯技术的发展而发展。

移动应用终端网站类界面设计不仅是关于页面版式设计的技巧与方法，更是艺术、技术和人机交互科学的高度统一。

【技能要求】

1.通过设定Photoshop CS5中的矩形选框工具来快速进行界面构图，提高工作效率；能熟练使用软件进行设计，综合运用软件的各种功能对界面进行更加美观的设计。

2.通过学习该章，了解移动应用终端网站类界面设计的发展趋势和设计布局的基本原则，注意细节上的处理，对于文字与小图标的呈现，要简洁美观，可利用文字工具、图层样式的功能，使页面更加美观。

第一节 网站类界面设计的构图及配色

一、界面构图设计

当开始对界面进行设计时，所需要的只是一张白纸。首先要做的就是用画笔将创意的大致轮廓画在纸上，以便给以后的设计做大致的指导；然后将纸上的轮廓在电脑上体现出来，对画面进行分割，也可以用色块进行填充，确定好栏目的位置、大小等。但是需要注意以下几个原则。

1.简洁明了

要将内容丰富的网络世界浓缩到小小的手机屏幕里，界面设计必须以强有力的视觉冲击效果来吸引用户的注意，进而使信息得以准确迅速的传播。设计者应力求删繁就简，使参与形式构成的诸元素均与欲传播的内容直接相关。

2.合理布局

手机显示屏的尺寸有限，合理的布局可以更好地帮助用户找到自己关注的对象。在人类的视觉分布中，左上角的位置占视线范围的40%，明显高于其他区域。因此，在考虑界面编排时应将重要信息或视觉流程的停留点安排在注目性强的区域，使得整个界面的设计主题一目了然。

3.和谐一致

通过对各种元素的组合而得到的网站界面看起来应该是和谐的。注意色彩的配合与结构的平衡要通过版面的文、图间的整体组合与协调进行编排，使版面具有秩序美、条理美，从而获得良好的视觉效果（图3-1、图3-2）。

图 3-1

图 3-2

二、界面配色设计

色彩影响着人的情绪。一些餐厅或者饭馆会把招牌设置成橙黄色，这是因为橙黄色比较容易激起人们的食欲。用户界面的色彩设计也是如此，其总体色彩应该和相对应的页面主题相协调。比如，蓝底色的页面搭配白色按键图标就会产生一种醒目的效果，用来提示用户该按键图标可点击，但如果配上红色按键图标就会产生一种不舒服的感觉，让用户想远离它，这就违背了设计的初衷。同时，在色彩设计中，应注意主题的鲜明，操作区域和非操作区域一定要通过不同的颜色使之有效地区分开来，从而达到吸引用户注意力的效果（图3-3）。

图 3-3

第二节　手机网站界面设计与制作案例解析

随着手机的普及，手机网站的界面设计越来越受到关注。现在我们来制作一个简单的手机购物类网站的界面设计。使用软件为Photoshop，大小为480px×800px。

具体操作步骤如下。

（1）新建文件，参数如图3-4。

（2）填充背景图层颜色为# f4f0e7。

（3）新建图层，使用矩形选框工具，设置样式为固定大小，宽度为480px，高度为130px，将得到的选区移动至最上方，填充双色渐变，渐变方式为线性渐变，颜色为# 8a2519和# c42c29。

再使用矩形设置样式，宽度为480px，高度为75px，将得到的选区移动至最下方，填充双色渐变，渐变方式为对称渐变，颜色为# c42c29和# 8a2519。

（4）使用矩形选框工具，设置样式为固定大小，宽度为480px，高度为70px,得到矩形选区，点击菜单栏的调整边缘按钮，设置平滑度为100。

（5）将选区移动至顶部，选框填充双色渐变，渐变方式为线性渐变，颜色为# fcce54和# c63904，如图3-5。

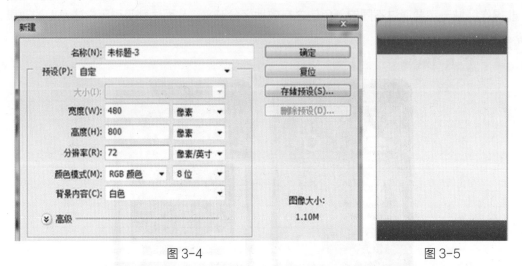

图 3-4　　　　　　　　　　　　　　　图 3-5

（6）使用文字工具，输入"淘优惠"三个字，设置其属性如图3-6、图3-7所示，居中放置于做好的黄色条框上。

图 3-6

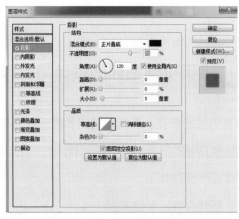

图 3-7

（7）使用矩形选框工具拉出宽396px，高45px的矩形选区，调整边缘平滑值为50%，填充白色，添加图层样式(内阴影)，参数如图3-8所示。

　　分别导入两个图标，并放置在相应位置如图3-9 ～图3-11。

（8）使用矩形选框工具拉出宽75px，高45px的矩形选区，调整边缘平滑值为50%，填充双色渐变，渐变方式为线性渐变，颜色为# f3ad00和# ef5400，添加图层样式为斜面与浮雕，如图3-12所示。

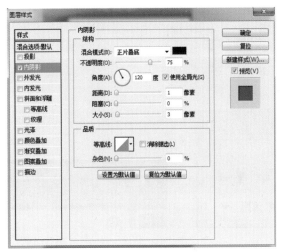

图 3-8

图 3-9

图 3-10

图 3-11

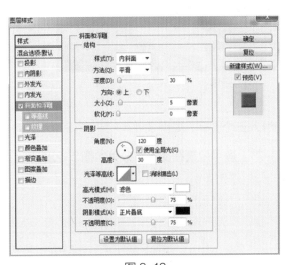

图 3-12

使用文字工具，输入文字"搜索"，调整文字属性如图3-13所示，位置如图3-14所示。

（9）导入图3-15，放在已经做好部分的下方位置。

（10）使用文字工具分别输入"聚划算""天天特价""优惠促销"三行文字，文字属性如图3-16。

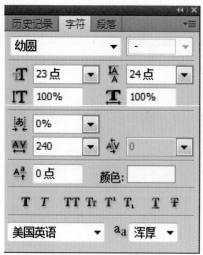

图 3-13

图 3-14

图 3-15

图 3-16

　　并在文字部分分别导入三个图标，如图3-17～图3-19所示，效果如图3-20所示。

　　（11）最后导入图3-21，居中放置在最下方效果如图3-22所示。

图 3-17

图 3-18

图 3-19

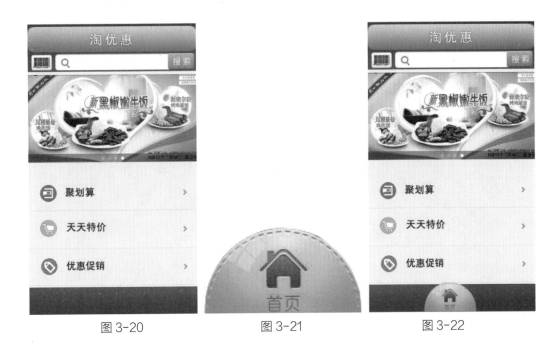

图 3-20　　　　　图 3-21　　　　　图 3-22

实训课堂：平板电脑（Pad）网站界面设计与制作

　　通过本章的学习，相信学习者对手机网站类界面设计都有了一定的了解，下面，我们通过制作一个iPad（苹果平板电脑）网站界面来了解一下Pad（平板电脑，Pure Audio Design的缩写）的网站界面设计。本案例中我们将会制作三个页面，分别是启动页面，主页面和分页面。

一、网站启动页面制作

　　现在，我们来自己制作一个网站的启动页面，如图3-23所示。

　　（1）打开Photoshop，新建文件，参数如图3-24所示。

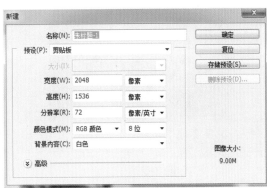

图 3-23　　　　　　　　　　　　　图 3-24

（2）使用渐变工具，填充背景，颜色分别为#df2127和#9f010c，渐变方式为对称渐变，如图3-25所示。

(3)使用钢笔工具，勾勒出如图3-26所示的形状。

 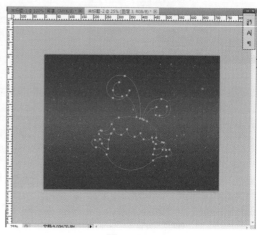

图3-25　　　　　　　　　　　　　　　　　图3-26

新建图层，设置画笔颜色为白色，画笔硬度100%，大小为10px。点击钢笔工具，进行描边路径，不要勾选"模拟压力"，得到如图3-27所示的图标。按Ctrl+T组合键，调整图标的位置和大小。

（4）使用文字工具，输入"欢乐淘"，文字属性如图3-28所示。

输入"WWW.HLTAO.COM"，文字属性如图3-29所示。

（5）最后调整图标与文字大小位置，效果如图3-30所示。

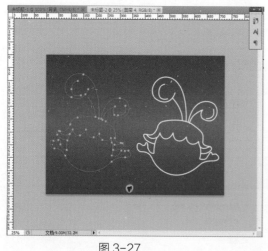 

图3-27　　　　　　　　　　　　　　　　　图3-28

图 3-29

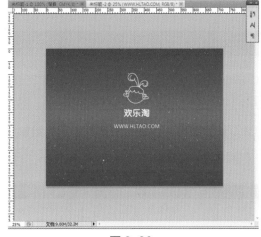

图 3-30

二、网站主页面制作

做完网站的启动页面，我们来做网站的主页面。如图3-31所示。

详细步骤如下。

（1）打开Photoshop，新建文件，参数如图3-32所示，填充背景颜色为 # e9e9e9。

图 3-31

图 3-32

（2）新建图层，点击矩形选框工具，固定大小为宽2048px，高105px，选区填充黑色。

（3）新建图层，设置画笔颜色为 # 7d7d7e，大小为5px，使用钢笔工具勾勒出如图3-33所示的四个图标的形状。

图 3-33

点击钢笔工具，进行描边路径，不要勾选"模拟压力"，并将四个图标排列在刚刚得到的黑色色块上，如图3-34所示，中间使用单行选框工具画出分割线，分割线颜色同样为 #

7d7d7e，合并图标图层与黑色色块图层，并将得到的图像放置到界面最下方。

图 3-34

（4）导入图3-35，放置在界面最上方，效果如图3-36所示。

（5）新建图层。点击矩形选框工具，绘制宽565px，高1400px的选区，点击渐变工具，设置如图3-37所示。

iPad ⬤ 下午8:24 ⚹ 80% ▭

图 3-35

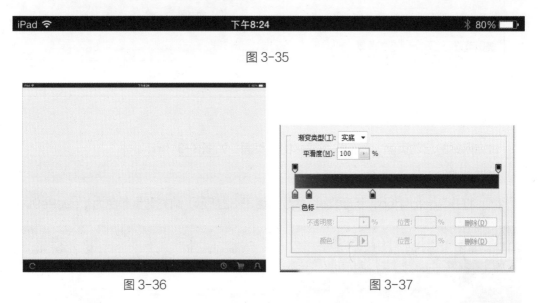

图 3-36   图 3-37

在选区填充渐变，三个颜色分别是＃cc0f0f、＃770f0f和＃15171b，渐变方式为线性渐变。将得到的渐变色块放置在界面中间左侧，效果如图3-38所示。

（6）输入"欢乐淘/HLTAO.COM"，字体颜色为白色。文字属性如图3-39所示。

图 3-38

图 3-39

（7）分别输入文字"首页""分类""促销专区"" 购物车"" 更多"并各自成行，字体颜色为＃7b7c7f。文字属性如图3-40所示。

（8）将上一节中制作的网站LOGO导入。将LOGO与文字排列成如图3-41所示。

图 3-40　　　　　　　　　　　　　　　　图 3-41

（9）点击圆角矩形工具，半径设置为1.5cm，颜色为白色，绘制出宽460px，高70px的圆角矩形，并导入如图3-42所示的图标。

输入文字"搜索商品"，黑体，大小40px，颜色＃cbcbd0。效果如图3-43所示。

（10）新建图层，点击单行选框工具，填充白色，为导航栏增加分隔线。删除多余部分，效果如图3-44所示。

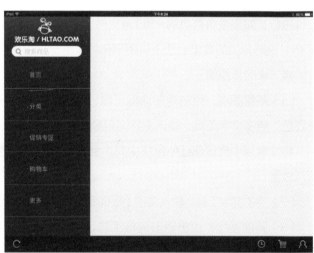

图 3-42　　　图 3-43　　　　　　　　　图 3-44

（11）分别导入如图3-45～图3-47所示图片，并将图片进行排版，得到最终效果如前文图3-31所示。

图 3-45

图 3-46

图 3-47

三、网站分页面制作

接下来，我们来制作网站首页的分页。分页的制作是以首页为基础的，所以这张页面的制作相对来说比较简单，可以使用"网站主页面制作"部分所制作出来的首页的PSD源文件进行。如果没有首页的PSD源文件，就按照"网站主页面制作"的操作步骤进行到第10步，这时分页的效果如图3-48所示。

接下来的步骤如下。

（1）新建图层，点击矩形选框工具，用鼠标拉出宽565px，高200px的矩形选区，填充红色。点击文字工具，输入文字"促销专区"，文字属性如图3-49所示。

将文字居中放置在红色色块中间，合并文字层与红色色块层，将得到的图像如图3-50所示放置。

（2）点击文字工具，输入文字【促销专区】，字体幼圆，大小为40，加粗，颜色为红色。

（3）新建图层，点击矩形选框工具，用鼠标拉出宽1485px，高10px的选区，填充颜色为＃a09c9c。

调整文字与灰色色块的位置如图3-51所示。

（4）点击鼠标工具，分别输入"服装鞋帽促销专场＞""手机促销专场＞""数码促销专场＞""电脑办公促销专场＞""家用电器促销专场＞""更多＞"六段文字，文字属性如图

3-52所示。

（5）将文字进行排版，排版效果如图3-53所示。

图 3-48

图 3-49

图 3-50

图 3-51

图 3-52

图 3-53

（6）将文字"服装鞋帽促销专场＞"颜色改为＃d84d02，如图3-54所示。

（7）导入如图3-55所示的图片，点击移动工具，调整位置。最终效果如图3-56所示。

图 3-54   图 3-55

图 3-56

至此，本案例iPad网站页面制作宣告结束，希望大家在本案例中能学到更多关于网站页面设计布局、色彩方面的知识，从而提高自己的设计水平。

 【本章小结】

1.网站界面的设计要求学习者熟练操作Photoshop CS5，以便制作时能提高工作效率。

2.在设计的过程中，学习者要了解各网站界面的大体布局规则、配色原理，从而提高自身的设计素养及表现水平。

 【复习思考题】

1.在设计时，需不需要先做好设计布局？这样做有什么好处？

2.平面构成的知识在界面设计中是否适用？为什么？

移动应用用户体验界面设计

第四章

移动应用终端儿童类产品界面设计

【学习指导】

　　随着移动通信技术、网络技术的发展，以及各种面向大众的智能终端的普及，移动互联网取代传统的PC互联网成为未来的主流。与此同时，移动应用的开发热潮正向全球蔓延。作为一个特殊的群体，儿童用户群对于移动应用开发者来说一直是一块大蛋糕，尤其是触摸屏智能手机和平板电脑上的儿童应用产品。因其带来的多种媒体体验天然地符合儿童好奇心理和接受习惯，较之传统的认知方式更易被认可。

　　近年来出现了很多面向儿童用户而开发的产品，比如，儿童读物数字阅读、互动娱乐交互、母婴及父母子女社交等。从总体上看，目前针对儿童的移动应用产品不外乎两种初级形式：一是把传统教学内容进行数字化的教育类模式，二是以儿童喜爱的角色形象为参照的模式，如"调皮风格"的游戏类模式。这两类都没有在形式和内容上做到真正的突破。

　　优秀的移动应用终端儿童类产品界面设计能在为儿童带来乐趣的同时帮助儿童认知事物。然而，传统的用户界面设计中有关儿童用户的色彩、动画设计运用等原理，已不能够满足触摸屏时代体验设计的全部需求。而且，面向儿童用户的体验设计从各个方面都异于成年人的同类别产品。因此，在儿童类产品界面设计中，不能仅关注其界面内容和功能，其色彩运用，动画原理以及设计方法都值得学习探究。

【技能要求】

1.通过学习本章，使学习者掌握儿童类产品界面设计的基础知识；抓住儿童类产品界面设计的本质特征，了解当今儿童类产品界面设计的趋势。

　　2.掌握用Photoshop软件制作儿童类产品界面的基本步骤和设计技巧，从而能够设计出一个好的儿童类产品界面。

第一节　儿童类产品界面设计的构图及配色

一、儿童类产品界面构图设计

　　一般而言，儿童在控制自己身体的方面还不是很灵活。虽然他们很乖巧，但却很难进行精细化的操作。因此，在构图上就必须把界面上元素的尺寸设计得宽大一些，方便孩子们使用和操作。在形状方面，也尽量采用圆角造型，突出安全感（图4-1）。在设计儿童类产品界面时，要规避可能带来的消极因素，尽量多角度地、创造性地探索如何利用积极经验因素。在儿童应用软件的界面设计中，过多的功能按钮是冗余的，甚至会干扰到用户对产品的使用。一般应用中的"设置"均应尽量与系统的设置一致，因为儿童用户根本不会使用到诸如调整背景光、设置字体大小等复杂的后台操作。另有研究显示，学龄前儿童（6岁之前）用户甚至不会像成人用户那样会用"返回"按钮，他们退出界面的方式都是通过点按设备上的"主页"（Home）键来完成的，因此"返回""首页"等按钮，甚至包括"上一页"按钮对于这一年龄段的儿童用户来说都会是多余的，还容易引起误操作，引发消极的体验反应。

　　在儿童类产品界面设计中，对于已有的经验，充分了解和利用将会起到事半功倍的效果。例如：几乎是所有的儿童移动应用软件都会将"翻书"这一经验引入到界面和交互设计中去。在屏幕右下角，安排一个"翻页"按钮，或是手指触动就会翻页的基本功能，已成为一种共识。也正因为此，在设计儿童应用程序的界面时，为了避免重复设计，很多电子书应用中的"上一页""下一页"按钮不需要占据界面内容，或者可考虑将其融入界面场景元素中，如图4-2所示。

　　总之，儿童类产品应用的界面设计构图要尽量简洁，层级关系也要简单，如果有多列表的，要在保持界面整洁的同时，做到排列有序（如图4-3所示的排列效果）。在构图的过程中，最好能巧妙地对儿童类产品应用的界面元素进行视觉化。因为简洁、单纯的东西让人一目了然，使用起来也方便；而视觉化的界面元素符号比较直观，方便操作，同时也可以引起儿童的联想，提高儿童想象力和创造力。

图 4-1   图 4-2

图 4-3

二、儿童类产品界面配色设计

　　色彩一直以来是界面设计的一个重要构成要素，选取适当的色彩进行合理的搭配，不仅能够吸引儿童的视觉注意力，而且能够促进儿童的认知力，陶冶儿童的情操。色彩也是有感情的，如何选用符合儿童心理的色彩也是需要学习、掌握。在儿童类产品界面设计中，设计师应注意以下几方面。

　　首先，色彩是组织界面信息、划分界面区域的有效设计手法之一。设计时可以使用不同的色彩来加强效果，也可以使用相同或者相似色彩来暗示在界面中不同位置的信息区域的关联性。而且高纯度、高亮度的色彩可以吸引儿童对特定区域的注意力，提醒儿童注意。例如，图4-4就是一个很好地使用了色彩划分不同信息区域的例子。

图 4-4

　　其次，儿童天性对色彩非常敏感。实践证明，儿童更多地偏爱红色、黄色、绿色，较少偏爱黑色、灰色、棕色。而且儿童在6岁以后，这种对色彩的喜好差异更加明显，而且对色彩还表现出性别差异。例如，男孩最喜爱黄、蓝两色，其次是红、绿两色，而女孩则喜爱红、黄两色，其次是橙、白、蓝三色。充满童趣的女孩们钟情于浅色调，而男孩们认为深色或稳重色调比较适合他们。基于此，在界面设计时，根据界面功能、信息区域用途的不同，根据儿童年龄、性别的不同，选定符合儿童认知心理的色彩，能达到调动儿童的心理感受的目的，从而为界面创造出各种氛围。

再次，色彩是客观事物的属性之一。设计师在设计界面时，对不同界面元素使用符合人类认知习惯、客观经验的色彩，能够引导儿童形成正确的认知习惯，培养他们的观察能力。例如，对于界面中的云彩图形，在设计时要考虑到客观中、文化中云彩的色彩，可以用白色、蓝色等，但是黑色等与现实大相径庭的色彩就不太合适。如图4-5、图4-6所示。

图4-5

图4-6

最后，使用色彩要牢牢把握住界面的功用，以功能为基础，以情感化设计为指导，合理选色，正确配色，同时也不能一味地追求儿童喜好的强对比、高纯度色彩满屏地摆放，从而造成界面效果凌乱不堪，造成儿童兴致度下降，使操作难度上升。

第二节 儿童类产品界面设计与制作案例解析

现在，我们已经掌握了儿童类产品界面设计的构图及配色技巧。下面，通过设计一个手机界面的儿童类产品来了解该类产品的设计技巧。

制作一个手机的界面首先要清楚其屏幕的尺寸，屏幕尺寸即实际的物理尺寸，为屏幕对角线的测量。不同手机的屏幕尺寸有所差异，这里以Android的设计尺寸为例。具体操作步骤如下。

（1）打开Photoshop，新建一个文件，参数如图4-7所示。

（2）新建一个图层，填充颜色为#f8d16d。

（3）选用形状工具中的波浪形状（图4-8），前景色设为#f1c35c，拉出适当的波浪线条，然后删除波浪形状的图层效果，按ctrl+t自由变换波浪线，复制多个波浪形状，布局装饰画面（自行发挥），然后合并所有波浪形状图层，效果如图4-9所示。

（4）新建图层，用钢笔工具画出云朵，填充白色，再新建一个图层，填充颜色为#d7a931，置于白色云朵下，调整位置，形成云朵阴影，使之看起来有贴纸效果，合并图层，如图4-10所示。

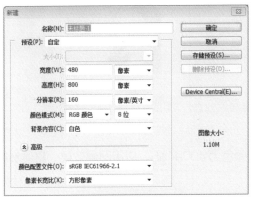

图 4-7

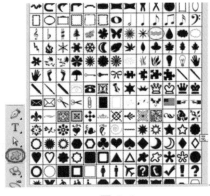

图 4-8

图 4-9

图 4-10

（5）复制云朵图层，通过缩放制作不同大小的云朵，合理排列于界面上方，置入素材"小太阳"，调整位置。效果如图4-11所示。

图 4-11

（6）置入小女孩、昆虫与花朵素材（花朵可根据需要多复制应用），调整位置，合理布局界面（可自行发挥）。对小女孩图层进行图层效果投影，参数如图4-12所示。效果如图4-13所示。

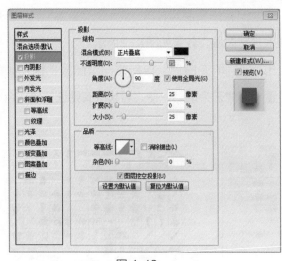

<table>
<tr><td>图 4-12</td><td>图 4-13</td></tr>
</table>

（7）用钢笔工具绘制一个对话框，填充颜色为#00a4a6，应用图层效果，具体参数及效果如图4-14、图4-15所示。

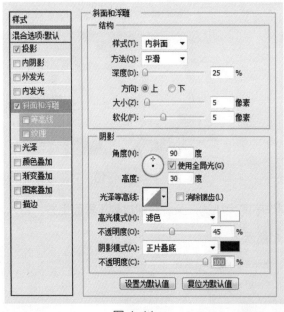

图 4-14　　　　　　　　　　图 4-15

（8）键入文字"幼儿认知贴纸"，参数如图4-16所示，然后对其旋转，调整位置，最后进行图层效果描边，描边颜色为#ff8c59，描边10个像素。效果如图4-17所示。

（9）对界面进行最后的修改，最终效果如图4-18所示。

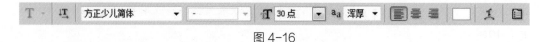

图 4-16

图 4-18

图 4-17

温馨提示：

1. 对于设计来说，要选取一个合适的尺寸作为正常大小和中等屏幕宽度是很重要的，尺寸的选取要依据打算适配的硬件，建议参考现行主流硬件相关尺寸。

2. 制作过程中所用到的素材可自行绘画，除了用钢笔工具，也可借用手绘板，利用画笔绘画。

3. 学会利用图层效果做出所需的贴纸、立体等美观效果画面。

4. 制作过程中，如果图层过多的话，可将其进行分类成组，如图 4-19 所示。

图 4-19

第三节　儿童有声读物系列界面设计案例解析

　　此案例是一套完整的儿童类产品界面设计范例，图 4-20～图 4-22 是该款儿童有声读物系列界面的启动页。启动界面以蓝色为主，配合红、黄、橙等颜色，辅以白色，搭配显得生动活泼，又有效地避免了同一色系可能导致的画面单调感，也没有因为盲目追求色彩丰富、画面内容丰富而过多使用色彩导致画面凌乱。同时，蓝色、橙色和黄色属于亮色、暖色系，不会给人以压抑、厌恶的心理感受，也比较符合儿童的色彩审美习惯。在界面内容设计上，趣味化小飞机穿梭于蓝天下，小船儿行于碧浪中的真实意境，营造出童趣轻松的氛围。整体画面简洁明朗，色彩明快柔媚。

图4-20 图4-21 图4-22

图4-23是该款儿童有声读物系列界面的播放页面，其中的功能按钮与界面中的元素符号进行了结合，避免了界面内容的冗余，增加了趣味性，提高儿童的操作兴致。

图4-24是该款儿童有声读物系列界面的多列表系列的页面，运用书架的处理方式将界面中的多种元素有序排列，使画面看起来，一目了然。画面小鸟、小飞机等小物件的添置增加了画面的趣味性和丰富性，又不显累赘。

图4-25是该款儿童有声读物系列界面的单列表系列的页面，界面内容总纲"三字经"用深黄色进行了区分。细分的读物内容用浅黄色矩形颜色框进行了区分，点击跳转采用了紫色的三角按钮。虽然文字部分已区分了界面内容，但通过色块区分的内容，更便于儿童的认知操作。不过界面中读物《三字经》的图标进行圆角处理会比较好，这样既突出了安全感又保持了界面整体风格的统一。

图4-26是该款儿童有声读物系列界面更多内容的页面，其中故事的图标采用了圆角处理。儿童家具一般有保护措施，以避免儿童在缺乏自我保护意识的情况下被误伤。界面设计同样如此，其边缘通常使用圆角处理能突显安全感。同时，图标的图案选择了一只可爱的动物带着耳机沉醉于有声读物乐趣的卡通形象，契合了该款儿童有声读物系列界面的内容。

图4-27、图4-28分别是该款儿童有声读物系列界面的故事介绍页面和应用推荐页面。这两个页面文字内容都较多，文字较大，因为家长通常担心儿童使用电子设

备影响视力，界面中很少使用小号字体，电子书字号通常会比成年人界面大2～4号。但此款是儿童有声读物系列界面，会辅助以声音，降低了儿童的阅读难度，文字并不是那么重要。相对于其他无声读物，最好考虑卡通式可爱的字体和适合的字体大小。

图 4-23

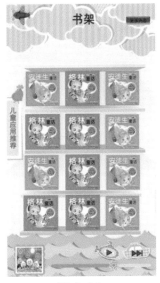

图 4-24

图 4-25

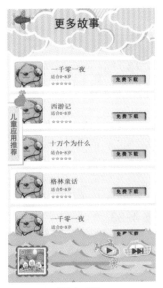

图 4-26

图 4-27

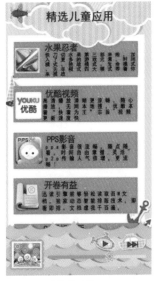

图 4-28

实训课堂：圆角毛毛球图标的设计与制作

（1）打开Photoshop软件，新建一个PSD文档，如图4-29所示。

（2）使用圆角矩形工具（图4-30、图4-31），画出圆角矩形。调整斜面浮雕效果和图层的渐变叠加模式，如图4-32、图4-33所示。

图 4-29　　　　　　　　　　　　　　　　　图 4-30

图 4-31

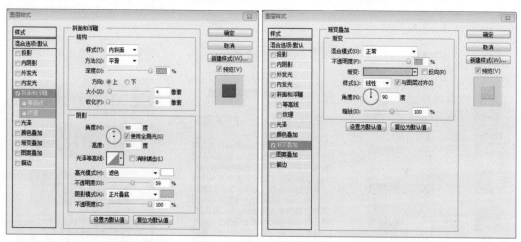

图 4-32　　　　　　　　　　　　　　　　图 4-33

（3）新建图层，用椭圆工具按住shift拉一个正圆，填充颜色。这里填充浅绿色，如图4-34所示。

（4）使用"滤镜"中"杂色"-"添加杂色"，添加杂色数量为20%，分布为"高斯分布"，如图4-35所示。

（5）使用"滤镜"-"模糊"-"高斯模糊"，设置高斯模糊的半径为1.5px，如图4-36所示。

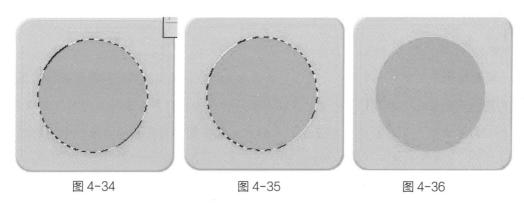

图 4-34　　　　　　　图 4-35　　　　　　　图 4-36

（6）使用"滤镜"-"模糊"-"径向模糊"，设置径向模糊数量为30，模糊方法为"缩放"，效果如图4-37所示。

（7）此步为关键性步骤。使用涂抹工具，设置画笔大小为2px，强度为80%，在图像边缘处涂抹，以产生毛毛效果，需要耐心绘制，效果如图4-38所示。

（8）新建一个图层，置于绿色毛毛球图层下面，用椭圆选框工具画一个椭圆，填充黑色，将图层透明度调为50%，用变形工具调整一下阴影形状，阴影就添加好了。如图4-39所示。

（9）添加细节，比如加上表情等，一枚简单的圆角毛毛球图标就完成了。最终效果如图4-40所示。

图 4-37　　　　　　　图 4-38　　　　　　　图 4-39

图 4-40

【本章小结】

　　本章描述了儿童类产品界面设计的发展需求及趋势，从儿童类产品界面设计构图、配色设计与儿童心理的关系、儿童类产品界面设计制作技巧等方面简单介绍了移动应用终端的儿童类产品界面应如何设计。本章重点掌握儿童类产品界面设计中的构图、配色以及一些相关制作技巧和拓展的技能。

【复习思考题】

　　1.简述儿童类产品界面的色彩以及构图的技巧。

　　2.利用本章所学知识，制作以"童话世界"为主题的儿童类产品界面。

移动应用用户体验界面设计

第五章

彩漫、彩信设计

【学习指导】

　　彩信最大的特色和功能在于其支持多媒体功能，能传递更多、更全面的信息，这些信息除了基本的文字之外，还有丰富多彩的图片、动画和声音等多媒体格式的信息。而彩漫也是属于彩信的，顾名思义，彩漫是一种具有动漫元素的彩信，它以动漫元素为主体，通过短信、WEB、WAP、手机客户端等方式将编辑的文本内容辅以图片、动画、音频、视频等生成一种动态的彩信。相比枯燥简单的文本信息，人们更喜爱这种有趣的彩信。

【技能要求】

　　1.熟练操作Photoshop CS5的动画设置，特别是关键帧与图层的使用技巧。

　　2.了解彩漫、彩信的制作要求，以及掌握文字排版和色彩搭配的相关理论知识。

第一节　彩漫、彩信设计的构图与配色

　　制作彩漫彩信，可使用Photoshop软件。当然，在制作之前，也要学习彩漫、彩信的构图及配色原则。

一、彩漫、彩信构图设计

　　无论的制作彩漫还是彩信，在构图上，图片不可过度复杂，颜色不可过多，选取的素

材图片像素要高，保证清晰可见，图片宽度不可超过应用手机的屏幕宽度。同时，所采用的素材要健康积极向上，符合群众的口味。

彩漫的动态背景格式为2帧动态GIF图片格式。制作彩漫时，要注重背景图片除了存在动漫形象和特定的关键词的位置区域外，还存在可容纳10～30个可自定义编辑文字的矩形区域，留存的位置不影响到图片的美观，一般可在图片的上方、下方或者左侧、右侧，编辑的文字尽量不要出现过多。

二、彩漫、彩信配色设计

一个想夺得大家喜爱的彩漫、彩信，必须在色彩上下功夫。为了呈现给大家一种有趣、精彩夺目的视觉效果，在色彩上，要求要鲜艳明亮，不宜采用深沉的色彩。

以图5-1为例，可发现，该彩漫大部分面积采用了红色、绿色、黄色，这几种颜色都是属于明度和纯度较高的色彩，这让彩漫显得跳跃活泼、夺人眼球，给用户一种愉快、喜悦的心情。彩漫、彩信之所以吸引人，就在于它不像简单的文字那样枯燥无味，其动态和丰富的色彩能够给人以视觉上的享受和心情上的喜悦，因此，在自制彩漫、彩信时，要多采用红色、黄色等比较欢快的明亮色调，不可过多使用黑色、灰色等暗色调。

图 5-1

第二节 彩漫、彩信设计与制作案例解析

在这里，我们教大家如何使用Photoshop软件制作彩漫、彩信。

（1）打开一张关于建党的素材图片，如图5-2所示。

（2）裁剪好图片的大小，如图5-3所示。

图 5-2   图 5-3

（3）适当移动或放大某几个局部（图5-4），或添加一些星星、红旗等装饰（图5-5）。

图 5-4   图 5-5

（4）采用文字工具，输入"建党节快乐"如图5-6所示。

（5）添加文字样式，如图5-7所示。

图 5-6   图 5-7

（6）再复制一层文字，拉大或选择一个角度，如图5-8所示。

（7）设计好每帧的时间，如图5-9、图5-10所示。

（8）导出GIF格式文件，如图5-11所示。

（9）选择适当的数值来控制文件的大小，如图5-12所示。

（10）最后确认保存，如图5-13所示。这样就完成了一个"建党节快乐"的彩信。

图 5-8

图 5-9

图 5-10

图 5-11

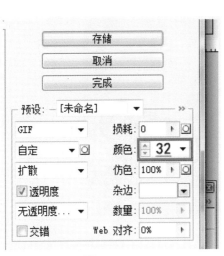

图 5-12   图 5-13

实训课堂："情人节快乐"彩漫的设计与制作

下面，我们将指导大家做一个有关"情人节快乐"的彩漫，具体步骤如下。

（1）分层逐帧线稿绘制，如图5-14、图5-15所示。

图 5-14   图 5-15

（2）分层上色，如图5-16、图5-17所示。

（3）添加"情人节快乐"的文字，如图5-18所示。

（4）添加文字样式，如图5-19所示。

（5）再复制一层文字拉大或选择一个角度，如图5-20所示。

（6）设计好每帧的时间，如图5-21、图5-22所示。

图 5-16

图 5-17

图 5-18

图 5-19

图 5-20

图 5-21

（7）导出GIF格式文件，如图5-23所示。

图 5-22   图 5-23

（8）选择适当的数值来控制文件的大小，如图5-24所示。

（9）最后确认保存，如图5-25所示，这样就完成一个彩漫的制作。

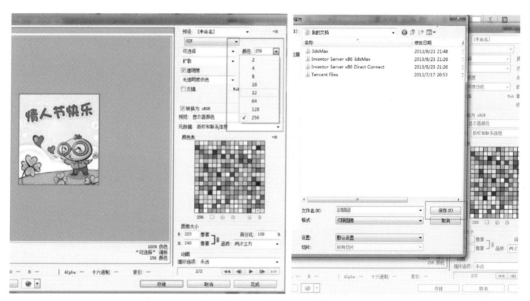

图 5-24   图 5-25

【本章小结】

1.在制作彩漫、彩信的过程中，要注重文字、图片的排版以及色彩的合理搭配。

2.熟练操作软件中的关键帧设置、动画设置。

【复习思考题】

　　通过学习制作简单的彩信，还可以扩展自己的思维，设计一个卡通形象，制作一些情节性的彩信。同时，除了使用Photoshop软件来制作彩信外，也可以尝试使用Flash等其他软件来制作更多有趣的彩漫、彩信。

移动应用用户体验界面设计

第六章

手机壁纸设计

【学习指导】

1.手机屏幕是人和手机对话的主要窗口，也是人机交互的图形用户界面。一张好看的壁纸是我们对用户个性的第一印象。

2.按照用户自己的需要，进一步完善动态壁纸，让用户随心设置桌面壁纸，彰显自己的个性特点，让玩转手机变得有趣。

3.近些年随着科技的快速发展，拥有智能操作系统平台（iOS，Android，Windows Phone）的手机越来越普及。通过壁纸站获取手机壁纸的传统方式，已经远远不能满足广大用户的个性化需求。他们希望自己的手机壁纸与众不同，希望壁纸能一天一换、一时一换，用软件自己制作壁纸，能最大程度上满足用户的需要。

【技能要求】

1.制作壁纸时，应当选取高清素材，以便在手机上显示出最佳效果。鉴于操作系统和屏幕分辨率的不同，壁纸尺寸的千变万化，因此要灵活运用裁剪工具和编辑图像大小。

2.制作壁纸时，应调出Photoshop CS5的动画窗口，了解时间轴窗口，了解图层和帧的关系，灵活运用图层。

3.制作壁纸时应当注意画面构图，达到最佳的视觉效果。

4.通过学习该章节，了解移动应用类壁纸的发展以及现阶段的需求，提高学生对移动类壁纸制作的了解。

5.培养学生的求知意识和创作能力，使学生了解移动应用类壁纸的特征，能够熟悉创作移动应用类壁纸的重点，熟悉手机壁纸的表现形式，能够掌握用软件制作手机壁纸的基本步骤。

第一节 手机壁纸的类型、构图及尺寸

一、手机壁纸的类型

制作之前应了解常见的壁纸类型。总的来说，壁纸可分为静态壁纸和动态壁纸两大类。

（1）静态壁纸

手机最常见的壁纸类型大多以静态风景、人物等为主，可以根据大小和分辨率来做相应调整，还可以根据用户的爱好编辑壁纸，让其手机界面更好看，更有个性。

（2）动态壁纸

动态壁纸顾名思义就是能够动的壁纸。它用简单美丽的动态影像，比如流动的水、绽放的花朵，还有渐变的图形等，替换了原始的静态的墙纸，并且不会影响图标的显示和任何应用程序的使用，是目前较为流行的壁纸形式。

二、手机壁纸的构图

我们知道画面构图对于任何创作都非常重要，有时画面的版式构图好坏直接决定着作品的质量。画面构图对于手机壁纸的制作也格外重要，下面以iPhone手机壁纸为例，讲解手机壁纸的构图要领。

① 手机壁纸的选择应当选择淡色系的图片图案不要太复杂，或者选择上面以浅色为主、底部颜色较深的，有对比的图片。

② 手机壁纸的设置或裁剪应按照"上一下二"或者"上二下一"进行裁剪，意思是说上面的部分占1/3，下面占2/3（反之亦然），见图6-1。

③ 手机壁纸的画面构图应当符合人的视觉流程，上下构图较为合理。

三、手机壁纸的尺寸

大部分壁纸的尺寸与手机屏幕分辨率相同。制作之前，我们需要知道所要创建的手机壁纸屏幕的分辨率。分辨率不同的设备要用不同大小的壁纸。下面，我们按照平台来说明壁纸尺寸。

（1）iPhone平台

640px×960px——iPhone4、iPhone4S；

1136px×640px——iPhone5、iPhone5S。

（2）Android平台：区分为单屏壁纸与划屏壁纸（滚屏壁纸）

单屏壁纸：屏幕多大壁纸就多大。

480px×800px —— 代表机型：三星9100（S2）、HTC G11；

480px×854px—— 代表机型：摩托罗拉xt702（里程碑2）、小米1；

960px×540px—— 代表机型：摩托罗拉xt788、HTC One S；

960px×640px—— 代表机型：魅族MX。

划屏壁纸（滚屏壁纸）：壁纸的宽度＝屏幕宽度×2；壁纸高度＝屏幕高度。

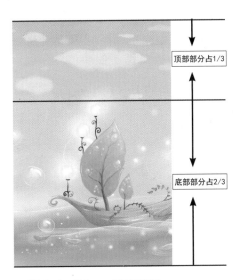

图 6-1　iPhone清新壁纸

第二节　手机壁纸设计与制作案例解析

一、静态划屏壁纸的设计与制作

　　Photoshop CS5软件在手机壁纸制作方面比较方便，其自带的动画窗口的功能能够帮助我们快速完成简单的动态壁纸的制作，自带的裁剪或者图像大小编辑功能会让我们简便地完成静态壁纸的制作。下面我们就运用Photoshop CS5软件制作移动类手机HTC Hero G3的壁纸。

具体操作步骤如下。

（1）在Photoshop CS5打开自己所找的图片（图6-2）。

图6-2

（2）调出图像大小窗口，调整图片的大小（图6-3）。

图6-3

（3）制作的是划屏壁纸，本型号的手机分辨率为320px× 480px，按照两倍宽 × 高的理论，故设置图片大小为604px×480px（图6-4）。

图6-4

（4）保存设置好大小的图片（图6-5）。

图6-5

（5）把保存好的图片放到手机中，在首页中选择照片，这样就可以设置为壁纸了，如图6-6～图6-9所示。

图 6-6

图 6-7

图 6-8

图 6-9

二 动态壁纸的设计与制作

动态壁纸用动态影像替换原始的静态墙纸，画面丰富美观，是目前较为流行的壁纸形式。下面以iPhone 5S为例进行制作。

具体操作步骤如下。

（1）打开Photoshop CS5，新建一个符合iPhone 5S屏幕分辨率（1136px×640px）的文档（图6-10）。

（2）调出 Photoshop CS5 的动画窗口（图6-11）。

（3）可以按照自己的喜好，对背景进行渐变处理，这里以蓝色为例（图6-12）。

图 6-10

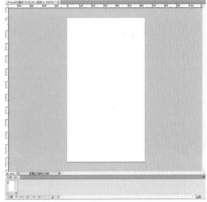

图 6-11

图 6-12

（4）新建若干图层，然后每层图层中用椭圆选区工具画大小不一的圆形，对它们进行自由组合，按照需要调整各个图形的不透明度，最后形成如图6-13的效果。

（5）点击复制帧按钮，复制1帧（图6-14）。

（6）选中第2帧，按自己的喜好让图形发生位移，也可以让图形大小发生改变，以便产生动画（图6-15）。

图 6-13

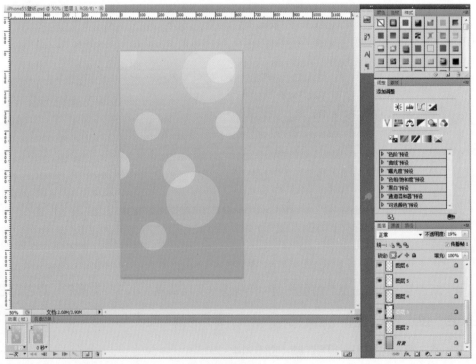

图 6-14

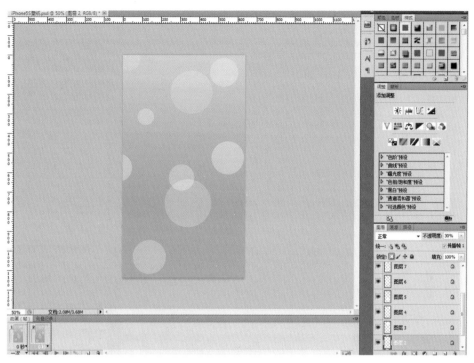

图 6-15

（7）选中第1帧，点击过渡动画帧按钮，弹出过渡动画面板，设置参数如图6-16所示。添加的帧数越多，动画过渡越自然。

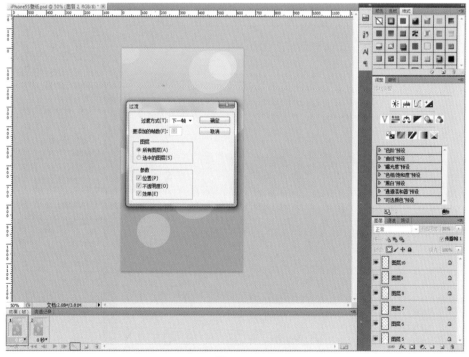

图 6-16

（8）选中最后一帧，点击复制帧，再复制1帧（图6-17）。

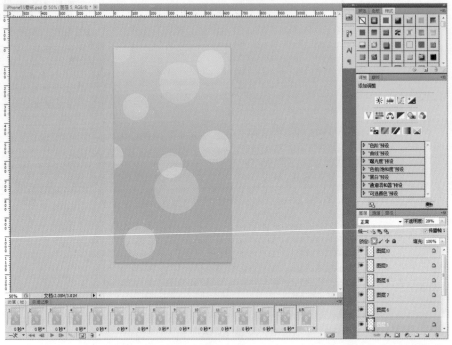

图 6-17

（9）选中最后一帧，重复图形位移，变化操作，也可以添加透明度变化效果（图6-18）。

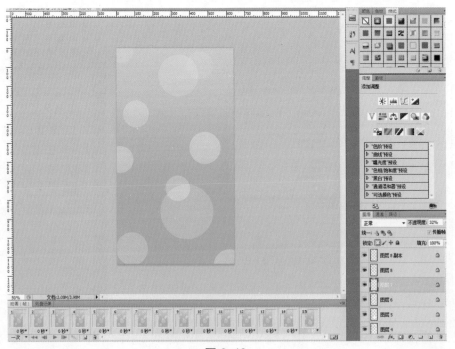

图 6-18

（10）选中上一帧，重复过渡动画帧效果操作，使动画过渡到下一帧（图6-19）。

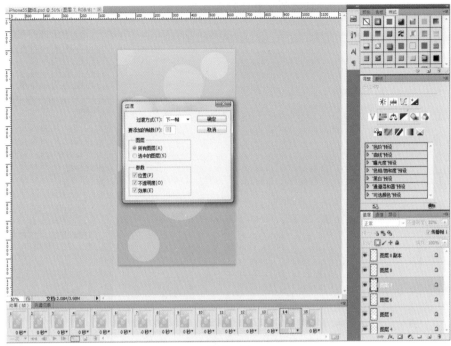

图 6-19

（11）选中最后一帧，点击过渡动画帧按钮，弹出过渡动画窗口，修改过渡方式为第一帧，使动画能过渡到初始阶段（图6-20）。

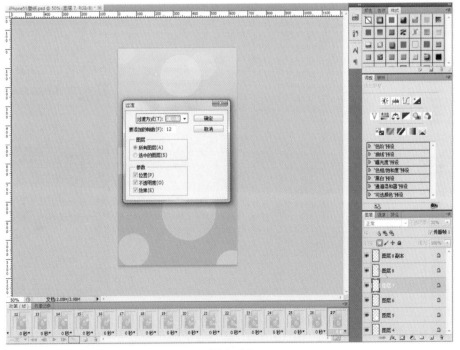

图 6-20

（12）设置帧延迟时间，这里全部设置为两秒（图6-21），设置循环方式为永远（可选中某一帧，然后再添加过渡动画效果，能让动画更为自然）。

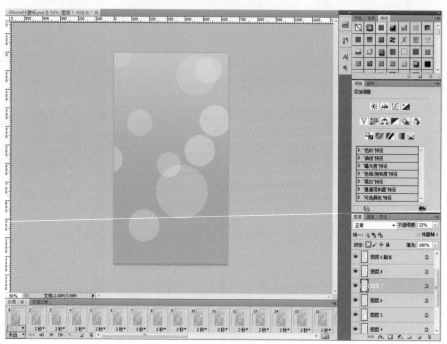

图 6-21

（13）单击文件，选择存储选项，如图6-22所示。

图 6-22

（14）弹出存储面板，点击存储（图6-23），选择文件存储位置。

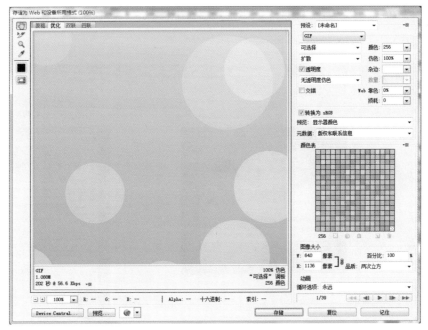

图 6-23

至此，一个动态的图形变换的手机壁纸制作完成，我们还可以运用自己的想象力，结合自己的需要，制作更多的动态壁纸。

实训课堂：制作下雨效果的动态墙纸

我们可以利用制作动态手机壁纸的方法拓展制作，个性的动态墙纸或图片，只是应用效果有些区别，具体操作步骤如下。

（1）打开一张下雨意境的图片，如图6-24所示。

图 6-24

（2）复制两层为背景副本和背景副本1（图6-25）。

（3）关闭背景副本和背景副本1的眼睛，只显示背景层，并在上面新建一层，填充黑色（图6-26）。

图6-25

图6-26

（4）给该图层添加滤镜-杂色-添加杂色选项，数值设定如图6-27所示（注：雨越大，数量值设定越多）。

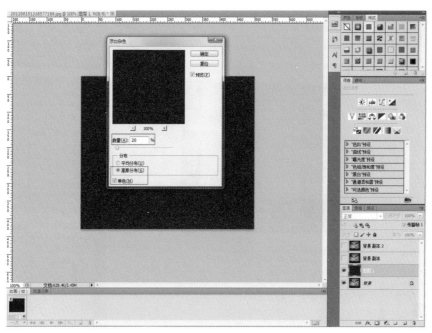

图 6-27

（5）给图层设定模糊–动感模糊，数值设定如图6-28所示。

图 6-28

（6）更改图层2的混合模式为滤色，如图6-29所示。

（7）合并背景和图层1，关闭背景层的眼睛，只显示背景副本，然后在背景副本层上新建图层2（图6-30）。

图 6-29

图 6-30

（8）重复上述的杂色、模糊、更改图层混合模式、合并操作，注意要更改的是动感模糊的角度，如图6-31所示。

（9）在背景副本2上新建图层3，重复上述的杂色、模糊、图层混合模式更改、合并操作，注意要更改的也是动感模糊的角度值（图6-32）。

图 6-31

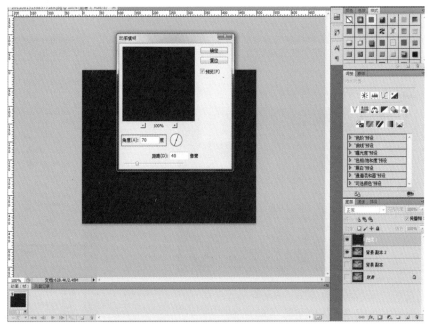

图 6-32

（10）设置好的图片效果与图层如图6-33所示。

（11）打开动画面板，设置第1帧，如图6-34所示。

（12）复制当前帧为第2帧，设定如图6-35所示。

（13）复制当前帧为第3帧，设定如图6-36所示。

图 6-33

图 6-34

图 6-35

图 6-36

（14）复制当前帧为第4帧，设定如图6-37所示。

（15）选中所有帧，设定播放测试时间为0.1秒，循环模式为永远（图6-38）。

图 6-37

图 6-38

（16）单击文件，选择存储选项，如图6-39所示。

（17）弹出存储面板，点击存储（图6-40），选择文件存储位置，最终效果如图6-41所示。

图 6-39

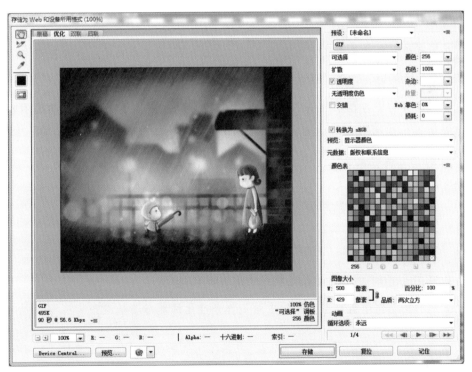

图 6-40

图 6-41

 【本章小结】

1.手机壁纸的制作要求我们熟练操作Photoshop CS5的基本功能，从而在制作的时候提高工作效率。同时，掌握动画帧面板的各个参数的设置，以及图形变化的动态过程。

2.了解画面构图与显示效果之间的关系，以达到壁纸最佳的视觉效果和显示效果。

3.掌握壁纸制作的画面构图规律，突出表现壁纸特点。从而增强学生的设计素质以及设计的艺术表现水平。注意壁纸的风格色调，掌握两种壁纸的制作方法，熟悉制作过程。

 【复习思考题】

1.如何在Photoshop CS5动画面板中设置关键帧选项？

2.如何利用制作手机动态壁纸的方法制作个性化的动态墙纸或图片？

移动应用用户体验界面设计

第七章

手机微动画产品设计

【学习指导】

1.现阶段，微动画逐渐受到人们关注。随着移动应用终端的广泛应用微动画在移动终端的应用前景也比较乐观。

2.微动画的流行，就在于它比图形、图片符号更具有直观性，能够在短时间内展现完整的剧情，在一定程度上节省了时间。

【技能要求】

1.利用Flash软件的基本功能制作微动画片段。

2.了解补间与动作的关系，灵活运用补间知识，设计好每个动作的发生时间，以达到更佳的动画效果,也可利用遮罩层或引导层等功能，优化微动画的效果。

3.把握微动画的表现技巧，掌握用软件制作微动画的基本步骤，从而制作出个性化的微动画片段。

第一节 认识微动画

随着网络技术、多媒体技术的发展，短小精悍的微动画日益受到人们的关注。微动画和微博有共同之处，其微小简短、传播便利，非常适合新媒体艺术的发展。尽管微动画与传统动画片相比篇幅很短，但其制作更需要创意，从而给人以深刻印象。同时，微动画的创意较传统动画片更宽泛，它可以是一个故事、一种心态、一种情绪、甚至是一个幽默……

微动画的快速发展，一方面得益于技术手段的更新换代，另一方面在于微动画的直观性、故事性、简洁化等更便于满足用户的差异化及个性化的需求，弥补传统图片、动画片的不足，既生动又节约时间。

第二节 **手机微动画设计与制作案例解析**

Flash软件在制作动画方面有着自身的优势，可以利用它制作一些简单的微动画，下面就在Flash软件里完成移动类微动画小虎遇虎妞而巧撞车站牌摔倒的制作。

一、角色三视图设计

在进行微动画制作时，首先要设计出角色的三视图。图7-1是小虎的三视图。

图 7-1

二、微动画分镜绘制

在制作一个微动画前，首先要对微动画进行分镜绘制。分镜绘制是体现设计动画的叙事语言风格、构架故事的逻辑，是控制故事节奏的一个重要环节。在绘制分镜的过程中，要特别注意镜头的连景、透视的严谨、构图的美观，从而保证动画能够流畅、生动。

绘制分镜时，要严格按照原图所设计的动作要求以及设定的帧数来绘制。下面，我们指导大家如何绘制"小虎遇虎妞而巧撞车站牌"的一个搞笑动画分镜头。其具体操作步骤如下。

（1）第一镜头为小虎和虎妞在街道行走，如图7-2所示。

（2）第二镜头为小虎看到虎妞，如图7-3所示。

（3）第三个镜头为动画的高潮部分，绘制小虎撞到公交车站牌，如图7-4所示。

（4）第四个镜头为结尾部分，绘制小虎撞晕的搞笑动作，如图7-5所示。

在分镜头绘制的基础上，就可以使用软件来制作所绘制的每个分镜头，并将每个分镜头连接起来，这样就完成了一个简单且搞笑的微动画了。

图7-2

图7-3

图7-4

图7-5

三、微动画角色动作元件制作

此案例中，小虎的身体各部位有一系列动作。为了很好地呈现动画画面，需要制作出各动作元件。其具体操作步骤如下：

（1）建立一个新的文档，无需更换参数，点击确定，如图7-6所示。

（2）为了方便操作，把头部、身体、手臂以及尾巴分别做了转换元件的操作，并命名好相应的元件名称，如图7-7所示。

图 7-6   图 7-7

（3）命名完各部分元件的名称后，接着下一步操作。为了方便更改名称，可以新建一个FLA文档并通过库的共享功能来进行，如图7-8所示。

（4）选中手臂元件中的"右手"，选取工具栏中的"任意变形工具"，如图7-9所示。

图 7-8   图 7-9

（5）这时会出现矩形的操作框，无需对其进行外形的修改，只需鼠标左键单击拖拽元件中心的旋转节点到角色的关节处，让元件可以模拟出角色的关节动作，如图7-10所示。

（6）操作腿部的动作时，需要对元件进行更改。双击鼠标左键，进入"身体"元件的更改操作，如图7-11所示。

（7）选取工具栏的"部分选取工具"，如图7-12所示。

（8）点击身体部分的外轮廓线，可以对身体部分的节点进行操作，如图7-13所示。

（9）结合动作的想象，使用鼠标左键移动节点，得到想要的动作，如图7-14所示。

（10）完成想要的动作编辑之后，对当前的关键帧单击鼠标右键执行"复制帧"操作，并在新的 FLA 文档第 1 帧处单击鼠标右键执行"粘贴帧"操作，如图 7-15 所示。

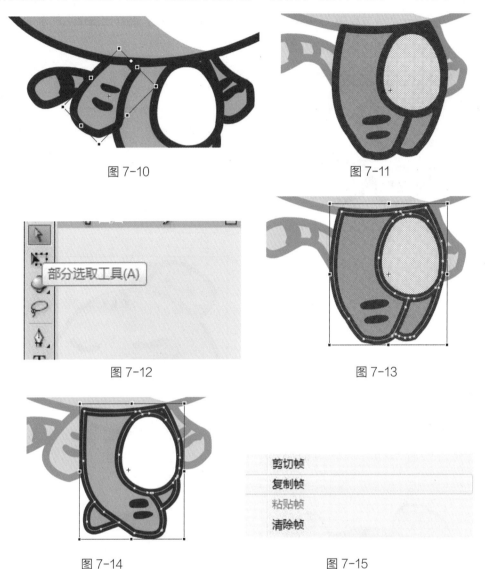

图 7-10

图 7-11

部分选取工具(A)

图 7-12

图 7-13

图 7-14

剪切帧
复制帧
粘贴帧
清除帧

图 7-15

（11）在另一个文档完成对元件的编号命名后，把动作编辑完成，如图 7-16 所示。

这样，就得到了三个动作，分别是静止、迈右脚和迈左脚。

（12）依照动作的规律，以"静止、迈左脚、静止、迈右脚"的顺序对帧进行编辑，得到图 7-17 所示的时间轴。

（13）按 Ctrl+Enter 组合键预览动画，发现小虎已经"走起来了"，如图 7-18 所示。

（14）在实际操作中，还需要注意角色走动时的脸部透视关系，以便让动作更加真实，如图 7-19 所示。

（15）由于剧情的原因，需要制作一个因看到虎妞而两眼发直的小虎，这就需要制作对应的表情。实际操作时，要注意转动头部时发生的透视关系变化，如图7-20所示。

（16）小虎由于两眼发直撞上障碍物，因此，可以发挥想象，制作出撞倒后的表情，如图7-21所示。

图 7-16

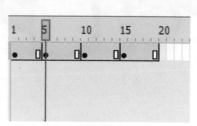

图 7-17

图 7-18

图 7-19

图 7-20

图 7-21

（17）选中时间轴中的全部帧，单击鼠标右键并执行"复制帧"操作，如图7-22所示。

单击上方菜单栏"插入"选项，执行"新建元件"操作，点击确定。然后，在时间轴第1帧执行"粘贴帧"操作，把完成的动画中所有帧粘贴进来。至此，就完成了对动画元件的制作。

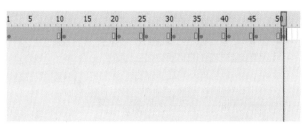

图 7-22

四、微动画角色动作元件合成导出

前面已经制作了人物以及各个动作的元件，接下来要把这些元件组合起来，导出动画。具体操作步骤如下。

（1）打开Flash CS5，新建文件，将图层1命名为"背景"。在第1帧处导入已经做好的"街景"元件，点击任意变形工具，调整到合适的大小。在第150帧处执行插入帧指令，锁定图层，如图7-23所示。

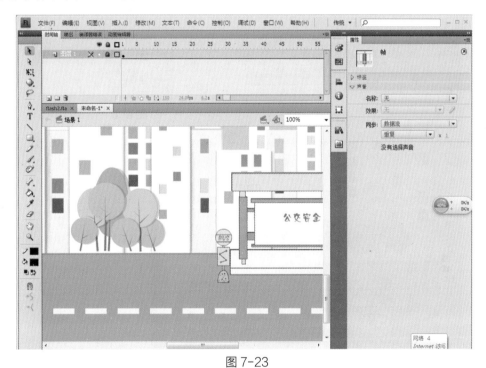

图 7-23

（2）新建图层，命名为"虎妞"，在第1帧处导入库元件"虎妞"，点击任意变形工具，调整位置和大小，如图7-24所示。

（3）在第150帧处执行插入关键帧指令，按住Shift键将虎妞平移至左边，在第1帧至第150帧之间执行创建传统补间指令，如图7-25所示。

图 7-24

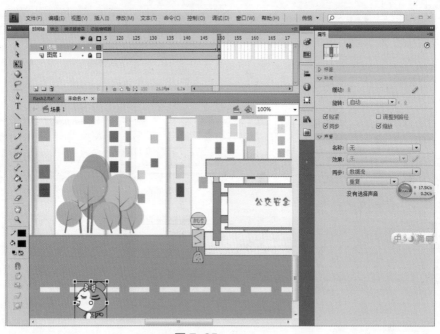

图 7-25

（4）新创建图层，命名为"遮罩"，点击矩形工具，将填充颜色改为黑色，Alpha值改为50%，画出比舞台略大的矩形，修改填充颜色Alpha值为100%，在已画好的矩形上画出与舞台同样大小的矩形，点击选择工具，选中中间的黑色矩形并删除。锁定遮罩图层，如图7-26所示。

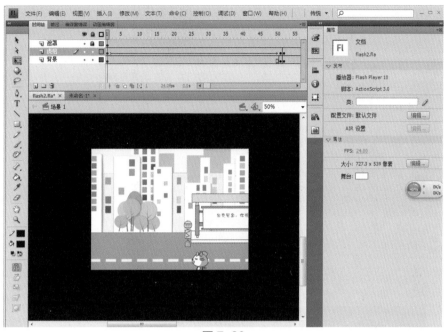

图 7-26

（5）新建图层，命名为"小虎"。在第1帧处导入库元件"小虎"，点击任意变形工具，调整位置和大小，如图7-27所示。

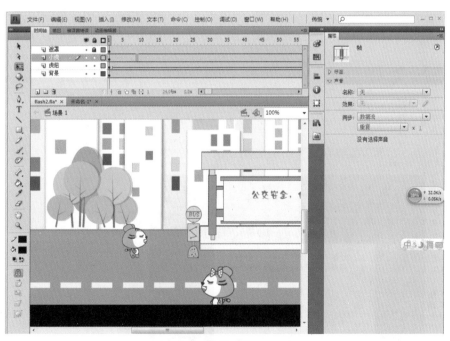

图 7-27

（6）在第60帧处执行插入关键帧指令，按住Shift键将小虎平移贴紧至背景中的站牌。在第1帧至第60帧之间执行创建传统补间指令，如图7-28所示。

图 7-28

（7）分别在"背景""虎妞""小虎"图层第50帧处执行插入关键帧指令，在"小虎"图层第50帧至第60帧，"虎妞"图层第50帧至第150帧之间执行删除补间指令，如图7-29所示。

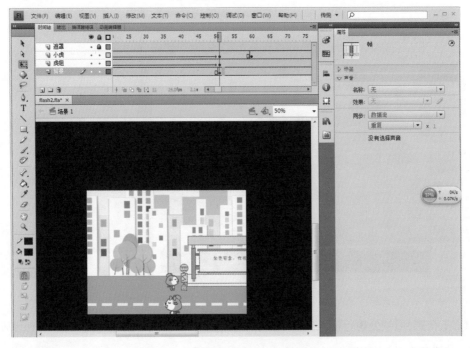

图 7-29

（8）分别在"背景""虎妞""小虎"图层第51帧处执行插入关键帧指令，用鼠标框选舞台上所有元件，点击任意变形工具，调整中心点，按Shift+Alt组合键将小虎放大到舞台中心。在"小虎"图层第60帧处点击鼠标右键执行清除关键帧指令，然后执行插入关键帧指令，最后在小虎图层第51帧至第60帧之间执行创建传统补间指令（图7-30），效果如图7-31所示。

图 7-30

图 7-31

至此，可爱有趣的"小虎遇虎妞而巧撞车站牌"的微动画制作完成，学习者可以多多尝试，制作出更多更有趣的小动画。

实训课堂：利用引导层创建下雪时雪花飘动的场景

1.引导层的概念

引导层是Flash为用户提供的一个自定义运动路径的功能，这个功能可在运动对象的上方添加一个运动路径，然后用户可在该图层中绘制对象的运动路线，让对象掩盖路线运动。播放的时候，该对象是隐藏的。引导层分普通引导层和运动引导层两种，普通引导图层在影片中起辅助静态定位的作用，而运动引导图层在创建影片中起引导运动路径的作用。

2.创建引导层的操作步骤

（1）建立普通引导层步骤：首先在图层上单击鼠标右键，然后从弹出的快捷键菜单中选择"引导层"命令，这时图层将变成普通引导层。

（2）建立运动引导层的步骤：首先单击要为其建立运动引导图层的图层，使它突显出来，然后右键单击被引导图层的图层名称栏，在弹出的快捷键菜单中选择"添加传统运动引导层"命令，就能在当前选中的图层上创建一个与之相关联的运动引导图层。

绘制自然现象类的动画，如下雨、刮风、下雪等动画时会用到引导层，或者如果想让一个物体沿着一定的曲线运动时，也可用到引导层。下面以下雪时雪花飘动的场景制作为例进行讲解。具体操作步骤如下。

（1）选择"椭圆工具"，将"笔触颜色"关闭，选择"放射状"渐变，如图7-32所示。

图7-32

（2）在舞台中用"椭圆工具"绘制一个圆，调整混色器面板（注意：中心颜色区域，要向右方调整），效果如图7-33所示。

（3）调整混色器面板中"放射状"，渐变右面颜色为白色，透明度为"0"，并将控制柄向左方调整，如图7-34所示。

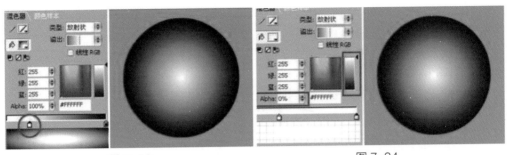

图 7-33　　　　　　　　　　　　图 7-34

（4）使用"料桶工具"填充椭圆图形，使用"选择工具"，选择"修改"中的"转换为元件"，将其转换为元件雪花，如图7-35所示。

（5）鼠标移动到图层1的名称处，右键快捷菜单中选择"添加引导层"，此时在图层1上方出现一个引导层，如图7-36所示。

（6）使用"铅笔工具"在界面中绘制一条弯曲的线段，如图7-37所示。

图 7-35

图 7-36

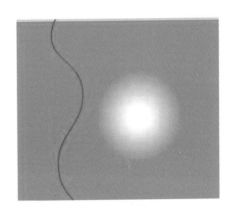

图 7-37

（7）使用鼠标选择"引导层"和图层1第50帧处，按下键盘"F5"键添加帧，如图7-38所示。

（8）使用"任意变形工具"调整图层1中的雪花图形，并使用"选择工具"选择，将其放到引导层一端，注意雪花的中心点要与线段一端对齐，如图7-39所示。

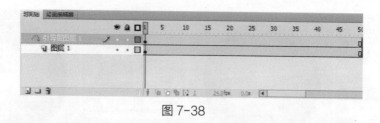

图 7-38

（9）在图层1中的第50帧处按下键盘"F6"键添加关键帧。

（10）使用"选择工具"调整第50帧中雪花的位置，中心点与线段的尾端对齐，如图7-40所示。

（11）选择图层1中第1帧到第50帧中任意一帧的位置，在属性面板中选择"补间-动画"，"雪花"就按照引导层中的路径进行运动了。

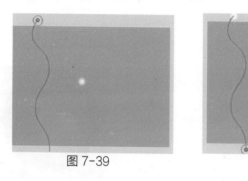

图 7-39　　　　　　　　　　　　　　图 7-40

（12）全选引导层和图层1，按右键，在快捷菜单中选择"剪切帧"，如图7-41所示。

（13）按下键盘"Ctrl+F8"键"创建新元件"，选择"图形"，并按下"确定"按钮，建立图形1。

（14）进入图形1，右键选择"粘贴帧"(图7-42)，图层1和引导层就被粘贴到图形1中了。

图 7-41　　　　　　　　　　　　　　图 7-42

（15）按Ctrl+enter播放，此时会发现雪花没有按照引导层的路径进行播放，这是因为粘贴的过程中，图层1没有在引导层的控制下，要将图层1选中，按下并向上移动，移动到引导层下，这时雪花就按照引导层的路径进行动画了。

（16）用鼠标选择场景，返回到场景的舞台，删除此时没有用处的引导层，按下键盘Ctrl+I打开库，并将图形1从库中拖动到舞台，拖动出一些数量的雪花，如图7-43所示。

（17）使用"选择工具"选中"雪花"，然后选择"属性面板"，在"循环"后的"第1帧"后输入不同的开始帧数，如图7-44所示。

（18）重复第17步的操作，改变其他雪花的开始帧数，使雪花下落时间不同，这样就可以制作出漫天飘舞的雪花。

图 7-43

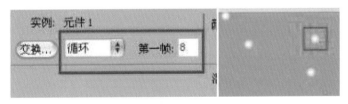

图 7-44

【本章小结】

1.微动画的制作要求熟悉Flash软件操作的基本功能，以便在制作时提高工作效率。

2.在制作过程中，需要了解帧对应的每个图层的关系，发挥自己的想象，熟悉制作方法，以达到更好的动画效果。

3.微动画的制作要求掌握时间轴的设置，了解补间与动画关系，突出表现微动画的特点，从而提高设计素质及表现水平。

【复习思考题】

1.制作角色踩到香蕉皮而摔倒的微动画。

2.利用引导层的原理制作刮风的效果。

参考文献

［1］Shawn Welch著，iOS App 界面设计创意与实践.郭华丰译.北京：人民邮电出版社，2013.

［2］狸雅人著，Photoshop 智能手机APP界面设计.北京：人民邮电出版社，2013.

［3］晋小彦著.形式感+:网页视觉设计创意拓展与快速表现.北京：清华大学出版社，2014.

［4］Jeff Johnson著.认识与设计：理解UI设计准则.张一宁译.北京:人民邮电出版社，2011.

［5］腾讯公司用户研究与体验设计部编.在你身边,为你设计:腾讯的用户体验设计之道(全彩).北京:
电子工业出版社,2013.